[美]博恩·崔西（Brian Tracy） 著
赵倩 译

个人成功法则

小行动造就大成功

PERSONAL SUCCESS

中国科学技术出版社
·北京·

Personal success by Brian Tracy.
Copyright ©2016 Brian Tracy.
Published by arrangement with HarperCollins Leadership, a division of HarperCollins Focus, LLC.
Simplified Chinese translation copyright by China Science and Technology Press Co., Ltd.
All rights reserved.
北京市版权局著作权合同登记　图字：01-2021-6000。

图书在版编目（CIP）数据

个人成功法则 /（美）博恩·崔西著；赵倩译 . —北京：中国科学技术出版社，2022.2
书名原文：Personal Success
ISBN 978-7-5046-9393-8
Ⅰ.①个… Ⅱ.①博… ②赵… Ⅲ.①成功心理—通俗读物 Ⅳ.① B848.4-49
中国版本图书馆 CIP 数据核字（2021）第 276192 号

策划编辑	杜凡如　褚福祎	责任编辑	杜凡如
封面设计	马筱琨	版式设计	蚂蚁设计
责任校对	吕传新	责任印制	李晓霖

出　　版	中国科学技术出版社
发　　行	中国科学技术出版社有限公司发行部
地　　址	北京市海淀区中关村南大街 16 号
邮　　编	100081
发行电话	010-62173865
传　　真	010-62173081
网　　址	http://www.cspbooks.com.cn

开　　本	787mm×1092mm　1/32
字　　数	52 千字
印　　张	5
版　　次	2022 年 2 月第 1 版
印　　次	2022 年 2 月第 1 次印刷
印　　刷	北京盛通印刷股份有限公司
书　　号	ISBN 978-7-5046-9393-8/B·79
定　　价	59.00 元

（凡购买本社图书，如有缺页、倒页、脱页者，本社发行部负责调换）

前言
PREFACE

为什么有些人事业有成，有些人却碌碌无为？为什么有些人能够茁壮成长，升职加薪，事业突飞猛进，在工作和生活中获得极大的满足感？

年收入25万美元的人与年收入2.5万美元的人相比，前者的智力、能力与综合素质是后者的10倍吗？当然不是！研究人员对1000名成年人进行了标准的智商测试。其中最高分只是最低分的2.5倍。然而，他们的收入差距却十分惊人！在这1000人的收入中，最高收入是最低收入的100倍。

这项研究还发现了另一个重要的问题。在该样

个人成功法则
PERSONAL SUCCESS

本中，收入最高的人，智商并非最高，而收入最低的人也不是智商最低的那一个。在某种程度上，智力，或者天赋，的确是一个人能否取得成功的重要因素。但除此之外，能否取得成功的影响因素还有个人素质、勤奋程度、持续学习和出色的时间管理。

✪ 制胜优势

二八定律指出，在各行各业，20% 的从业者获得了 80% 的收入，成为收入最高的人。与此同时，剩下 80% 的人只能获得剩余 20% 的收入。为什么会这样？经过多年的研究，我们终于找到了问题的答案。要回答这个问题，首先要理解"制胜优势"的概念，即关键能力的细微差异可能导致结果天差地

前言 Preface

别。这一概念还指出，如果一个人在关键能力上有微小的不足，无论他是否意识到这种不足，这种不足都会导致他年复一年地处于低成就和低收入的状态。

如果一匹马在比赛中以微弱优势获得第一名，那么它赢得的奖金是以微弱劣势屈居第二名的 10 倍。这是否意味着，具有微弱优势的第一名的速度是第二名的 10 倍？当然不是。那么第一名的速度是第二名的 5 倍？或是第一名的速度比第二名快 10%？不，胜利者和失败者、冠军和过气运动员在关键能力上的差距只有 3% 左右。

⭐ 精英表现

美国心理学家安德斯·艾利克森（Anders

个人成功法则
PERSONAL SUCCESS

Ericsson)在他关于精英表现的书《刻意练习：如何从新手到大师》(*Peak: Secrets from the New Science of Expertise*)中提到，任何领域的顶尖人才都有一个特点，那就是在职业生涯投入大量时间来磨炼自己最重要的技能，而其他人却没有这么做。

美国诗人亨利·华兹华斯·朗费罗（Henry Wadsworth Longfellow）有一首小诗[1]，概括了所有的成功人士的行为：

伟人所至高度，

并非一蹴而就；

同伴半夜酣睡时，

---

[1] 此处选用秋子树的译文。——编者注

前言 Preface

辛勤攀登仍不辍。

⭐ 不放过每一件小事

本书提供了 21 个方法,帮助你逐步掌握个人成功的必备条件,摆脱可能会阻碍你前进的缺陷。

本书以累积定律为基础,该定律主张"不放过每一件小事"。你在每一天做的每一个举动、每一件事、每一个决定,都会随着时间的推移而积累,最终体现在你的成功或失败上。

坚持不懈地实践本书提供的方法,你将取得更高的成就,其速度之快甚至会超出你的想象。现在让我们开始吧。

目录

CONTENTS

第一章　遵循法则	/ 001
第二章　明确自己想要什么	/ 010
第三章　培养勇气与自信	/ 018
第四章　保持诚信	/ 025
第五章　培养积极的心态	/ 032
第六章　积极沟通，积极期望	/ 039
第七章　贵在行动	/ 047
第八章　满足最重要的客户的需求	/ 053
第九章　努力工作	/ 060
第十章　持续学习	/ 067
第十一章　提高演讲能力	/ 074
第十二章　与更合适的人交往	/ 080
第十三章　持续建立人际关系网	/ 087

个人成功法则
PERSONAL SUCCESS

第十四章　积累知识	/ 094
第十五章　穿出成功	/ 101
第十六章　追求卓越	/ 109
第十七章　战略规划	/ 115
第十八章　承担责任	/ 120
第十九章　团队合作	/ 125
第二十章　开发创造力	/ 129
第二十一章　提高成功的可能性	/ 137
第二十二章　总　结	/ 142

第一章
遵循法则

在公元前 350 年,人们还在信奉奥林匹斯山的诸神,相信运气、巧合和命运的安排,而亚里士多德却提出了因果定律。他认为,不存在随机事件。发生的每件事之间都存在因果关系,即使我们不知道原因,原因也确实存在。

在生活中,发生在你身上或身边的每件事都有其特定的原因,这些因产生了果,使你的生活变成了今天的模样。如果你想改变果,就必须先改变因。如果你想改变所得,就必须先改变投入。

个人成功法则
PERSONAL SUCCESS

因果定律是西方思想的基础定律,是数学、物理、医学、商业和军事等的基础。

无论是心理法则还是自然法则,在大多数时间都能发挥作用。不管你是否了解、认同或喜欢它们,也不管它们在特定时间内对你是否实用,这些法则始终是中立的。它们适用于大多数情况下的大多数人。我们的主要任务是了解这些法则,特别是心理法则。如果希望这些法则生效,我们的行为也要符合这些法则。下面介绍3个重要的心理法则。

⭐ 信念法则

第一个重要的心理法则是信念法则,它是哲学、心理学、形而上学和成功学的基础法则。其内容是:

第一章 遵循法则

无论你的信念是什么,只要坚持这一信念,它就会变成现实。你的信念是否真实并不重要。如果你在足够长的时间内非常坚定地相信它,那么无论这个信念是积极的还是消极的,它都会变成真实的。

■信念是后天习得的

有趣的是,没有人天生就有信念。今天你所相信的有关自己、他人和世界的每一件事,都是你在某个时间内通过某种方式从某处习得的。无论信念来自哪里,一旦你开始相信,它就会成为你的"真理",因为它对你而言就是真理。

每个人都有两种信念——积极的信念与消极的信念。严重阻碍个人取得成功的是自我限制信念(一种消极信念)。如果你对自己或自己的事业抱有这样的信念,它就会限制你、阻碍你,并且常常动摇你

对取得成功与成就的希望。无论自我限制信念是否成真，它都是你成功路上的绊脚石。但我们有一项重大发现，即一个人的大多数自我限制信念都不是真实的。它们来自别人对你说过的话语、你在课堂上读到或听到的内容，或者是你一直以来不假思索就接收的观点。

■消除自我限制信念

为了充分发挥潜力，你必须消除阻碍前进的自我限制信念。为了走上晋升与成功之路，你必须摆脱认为自己在智力、创造力、天赋和个性方面存在局限的所有信念。你必须清除任何可能阻碍你充分发挥潜力的想法。

第一章 遵循法则

⭐ 吸引力法则

第二个重要的心理法则是吸引力法则,它对你的个人成就起到了决定性的作用。该法则认为,人是一块"活磁铁",不可避免地会吸引与自己的主导思想一致的人和事,尤其是在主导思想带有感情色彩的情况下。

今天你所拥有的一切都是由你本人与你的思维方式吸引而来的。你可以改变生活,因为你可以改变自己,从而改变你吸引来的人和事。

■改变你的想法,改变你的生活

如果你想吸引不同的人、不同的事和机会,或者想拥有更好的工作或更高的收入,你必须改变你的想法。

有一个关于成功的普遍法则是,"你的收入是与你相处时间最长的 5 个人的收入的平均值"。为什么?因为我们极易受周围人的影响。在我们对自己与世界的思考和感受中,95% 取决于我们平常交往的人。

我的许多同事都曾与消极的老板和消极的同事共事过。后来我的那些同事跳槽到另一家企业,有了积极的老板和同事。几周之后,他们的工作生活发生了变化,从普通职员变成了超级明星,他们中大多数人的收入也随之提高了数倍。

⭐ 对应法则

第三个重要的心理法则是对应法则。该法则认

第一章 遵循法则

为，你的外部世界是你的内心世界的映射。你的外部世界反映了你的内心世界。

你看到的世界不是世界本身，而是你自己的样子。也就是说，无论何时，当你观察周围的人、环境与自己的收入时，你都会发现，它们总是与你内心的世界一致。

如果一个人对自己的工作或人际关系等外部环境中的事物感到不满或痛苦，那么他们往往会出现消极的行为，例如暴饮暴食并放弃运动。

当开始了一段全新的、令人愉悦的关系时，他就会开始合理饮食、积极运动，并且更加关注自己的身体健康。

■所想即所得

关于人类意识最重要的一个发现是，在大多数

情况下，你想成为什么样的人，就能成为什么样的人。

大多数时候你在想什么？这个问题不难回答。无论人们在想什么，总会体现在他们所处的外部环境中。只要看看他们和他们周围的人，就能知道他们在想什么。

你必须在内心创造一个理想外部世界的等价物。这样一来，你的生活质量将得到提升。它所依靠的不是运气或机会，而是因果定律。

▶ **实践练习**

1. 找到阻碍自身发展的自我限制信念，改变这一信念。想象这个信念是不真实的，接下来你会怎么做？

第一章 遵循法则

2.思考自己的外部世界——你的工作与人际关系。你对自己的生活满意吗？如果不满意，你打算怎么做？

第二章
明确自己想要什么

明确自己想要什么，是个人进步和事业成功的起点。在你的一生中，你几乎可能得到任何想要的东西，但首先必须确定自己想要的是什么。

在一次电视节目中，有人问美国石油大亨 H.L. 亨特（H.L.Hunt）成功的秘诀是什么。亨特回答："成功很简单。首先，要确定自己究竟想要什么。大多数人其实从不清楚这一点。其次，明确你要为实现这一目标所付出的代价，然后就下定决心去付出这样的代价。"

第二章
明确自己想要什么

在明确自己想要什么之前,首先要明确自己的价值观。你相信什么,关心什么,只有当你为那些你发自内心地认为有价值且重要的事情而努力的时候,你才能在外部世界取得成功。

★ 明确职业目标

你需要明确的第一种目标是职业目标。假设你有一根魔杖,挥一挥就能看到未来5年的情景。那么你希望自己1年后、3年后或5年后在哪里?对你而言,完美的工作和生活是什么样子,它与当下有哪些不同之处?

许多人从职业生涯中的第一份工作起,就做着别人希望和要求他们做的事,接受别人为他们提供

的工作，接受上级的提拔，不断地对别人的要求做出反应。而成功的人会仔细规划自己的职业生涯。他们非常清楚在未来的某个时刻自己要去哪里，也知道为了实现在某一领域的职业目标，自己掌握的技术需要达到什么样的水平。

✪ 明确个人与家庭目标

你需要明确的第二种目标是个人与家庭目标。如果说职业目标是你需要做"什么"，那么个人与家庭目标就是你"为什么"这么做。它们是你做某些事的原因，是你早上起床工作的动力。

一个人85%的幸福感取决于他的人际关系及其生活中遇到的其他人。只有15%的幸福感或满足感

第二章
明确自己想要什么

来自他所取得的物质上的成就。无论你从物质上的成就中获得什么样的满足感,这些满足感都会很快消散,就像打开窗子的房间内的香烟烟雾一样。

你的人际关系及生活中遇到的其他人也同样影响了你确定自己的个人目标。想一想,如果没有任何限制,你希望自己达到什么样的健康水平?你想学习哪些科目,去哪些地方,为你的社区做出什么贡献?

⭐ 设定并实现目标的 7 个步骤

你可以通过 7 个步骤来设定并实现目标。这 7 个步骤非常有效且实用。

(1)确定自己想要什么。要具体,不能笼统地

说:"我想变得富有,变得更快乐,变得健康。我想去旅行。"这些不是目标,它们只是愿望和幻想。目标是明确而具体的东西。

(2)将目标写下来。只有少数成年人会将自己的目标写下来,并制订清晰的执行计划。这些人的平均收入是没有书面目标和计划的人的10倍。

(3)设定截止日期。确定你希望实现目标的具体时间。如果这是一个宏大的目标,那么就为它的子目标设定截止日期。

(4)列一张清单。写下你能想到的且自己可以做的有助于实现目标的所有事,并不断丰富这个清单直至你认为这个清单完成了。

(5)整理清单。列出你需要做的所有事情,并确定这些事情完成的先后顺序。首先要做什么,其

第二章 明确自己想要什么

次要做什么,再次要做什么,给这些事情依次排序,将一系列活动组织成一个行动计划。

(6)根据计划采取行动。你什么都可以做,但无论做什么,都需要立即去行动,踏出第一步往往是最困难的。人们常说,最难的工作是你尚未着手做的工作。

(7)为最重要的目标而努力。一周7天,一个月在30天左右,每一天,你都要为实现目标而努力。每一天,你都要有所作为,让自己至少向目标迈进一步。

⭐ 选择 10 个目标

找一张干净的白纸,在顶部写下"目标"二字,

并标注当天的日期。然后，写下你在未来12个月希望实现的10个目标。你可以设定日目标或周目标，也可以设定年目标。但是要确保所有的目标都可以在1年内实现。

写出10个目标之后，问自己这样一个问题：如果我要在24小时内实现其中一个目标，哪个目标能够为我的生活带来最大程度的积极影响？那么这个目标就是你的主要目标，即焦点，你的生活要围绕它运转。拿破仑·希尔说过，当一个人"目标明确"的时候，他才开始变得伟大。在白手起家的百万富翁中，85%的人每天都会树立一个迫切需要实现的目标。你也应该这样做。

任何一个伟大的成功都要以目标明确的行动为基础。如果你能朝着既定的目标采取系统的、有计

第二章 明确自己想要什么

划的行动，你就能更快地实现目标。

> **实践练习**
>
> 1. 列出未来 12 个月你希望实现的 10 个目标。
> 2. 选出一个能够对你的生活产生最大积极影响的目标，制订一个行动计划，每天为实现该目标而努力，直到取得成功。

第三章
培养勇气与自信

美国历史学家詹姆斯·M.麦克弗森（James M. McPherson）回顾了3300个有关领导力的研究，其中最早的研究可以追溯到公元前600年。之后，他总结出领导者最常见的两种品质：远见与勇气。领导者首先对未来有清晰的愿景或目标，其次，为了实现这个愿景或目标，有勇气做任何事。

丘吉尔说："勇气是人类最重要的一种特质，倘若有了勇气，人类其他的特质自然也就具备了。"

勇气与自信是取得成功的必要条件，因为正是

第三章
培养勇气与自信

对失败的恐惧阻碍了大多数人的前进。在福布斯美国 400 富豪榜（The Forbes 400）上，白手起家的亿万富翁们将"敢于冒险"列为通往成功的五大最重要的品质之一。

大部分成功者都表示，他们在年轻时阅读了很多成功人士的传记和自传，了解了这些人克服困难并取得丰功伟绩的故事，这些故事激励了他们。

勇气是个人成功和心理健康的必要条件，它是一种后天习得的品质。即使过去的经历让你在某些情况下犹豫不决或畏缩不前，你也可以克服这种心理，成为一个像中后卫球员一样勇敢的人，你需要做的就是反复练习以培养勇气。

⭐ 你可以忘却恐惧

在一个人的幼年时期,父母和兄弟姐妹的破坏性批评往往会导致这个人产生对失败的恐惧。但是,因为这种恐惧是后天习得的,因此它也可以被忘却,并被勇气取代。

请记住,恐惧代表的是看似真实,实则虚假的经历。对失败的恐惧并非来源于现实,而是源自想象。我们所担心的大多数事情都不会发生。

爱默生为我们提供了应对恐惧的解药。他说:"做你害怕做的事,恐惧必然会消失。"如果你一次又一次地做令自己害怕的事,最终你的恐惧会烟消云散。

第三章 培养勇气与自信

⭐ 直面恐惧

勇敢的人与怯懦的人有什么区别？勇敢的人会面对恐惧、靠近恐惧、克服恐惧，并解决令他恐惧的难题。而怯懦的人在恐惧面前退缩，他会逃避恐惧，并希望恐惧自行消失。

当你直面自己害怕的事物时，恐惧的程度和影响都会减小，并且越来越小，最终恐惧不会再对你的情绪造成影响。但是，如果你逃避恐惧，或者回避引起恐惧的人或问题，恐惧就会不断生长，并迅速占据你的整个生活。几乎每个人都有过这样的经历。

当你感到任何形式的恐惧时，都可以立刻对自己说："我能做到！我能做到！我能做到！"这句"神

奇的话"可以帮你消除恐惧。

事实上，足够努力，你就可以完成你想做的事。除了在思想上给自己设置的限制以外，没有什么可以真正限制住你。只有自我限制信念才会阻碍你前进，而自我限制信念在很大程度上由你自己控制。

⭐ 假装

培养勇气与自信的关键之一是假装自己已经具备了你所渴望的勇气与自信。假装恐惧不存在，假装你不害怕，想象在任何困难的情况下，你也毫不畏惧。

假装，然后扪心自问："如果没有恐惧，我会怎么做，我会怎样行走和说话？"

第三章
培养勇气与自信

假装你能做到，直到你真的做到。假装自己不害怕，最终你的潜意识会认为你真的不害怕，恐惧就会消失。

你要培养勇气。无论何时，当你在后退和前进之间做选择时，始终要勇敢地选择前进。祖鲁人常说："如果你面对两个危险，一个危险在身后，一个危险在身前，朝着你身前的危险前进。"你要勇往直前，直到这种行为变成一种自动反应，这样你才不会在任何困难面前退缩。

> **实践练习**
>
> 1. 思考一下，你面对哪些人的时候会感到紧张，或者做哪些事情的时候会害怕，因而迟迟不敢去做？你要面对恐惧、克服恐惧、忘却恐惧。

2.练习自我暗示,每天鼓励自己,告诉自己:"我能做到!我可以实现任何目标。"直到这种暗示促使你实现目标。

第四章
保持诚信

　　信誉是你最宝贵的资产。他人对你的看法和评价最能决定你能否晋升与成功。当人们认为你是一个有个性、有能力的人时,你的未来才有保证。诚信决定了他人对你的信任程度,人们相信你会言行一致,这非常重要。

　　做每件事时都要保证诚实守信,使它变成你的习惯。没有诚信,其他一切都免谈。如果一个人在某一个方面不够诚信,这往往会成为阻碍他终生发展的致命缺陷。

个人成功法则
PERSONAL SUCCESS

⭐ 诚信的定义

在定义诚信的时候,我们不谈行骗和盗窃。大多数人不会做这些事。我相信90%的人通常都很诚实。

诚信意味着做真实的自己,在各个方面都要对自己坦诚。这是诚信的起点。如果你欺骗自己,那么你也会欺骗他人。最重要的是说真话,然后坦诚地对待每个人。

莎士比亚说:"愿你不舍昼夜,忠于自己。"

⭐ 对自己诚实

对自己诚实意味着你的生活符合你的内心深处的价值观和信念。你只做自己喜欢的事、自己认为

第四章
保持诚信

重要的事,以及对他人有意义的事。其中最重要的一个词可能是"喜欢"。如果你热爱自己的工作,那么这份工作就是你真心想做的事。如果你对工作漠不关心,那么你就生活在谎言之中。如果你没有完全投入到工作中,这不是工作的问题,而是你不适合这份工作。如果一个人缺乏对工作的热爱,那么他不可能取得成功。

✪ 相信直觉

爱默生说过:"相信自己吧!这呼唤震颤着每一颗心灵。"倾听内心所谓的"平静的细小声音",当你开始倾听这个声音,开始相信自己的直觉并遵循直觉去采取行动的时候,你才开始真正走向成功。

直觉的奇妙之处在于，它是准确、真实的。每当你不确定该做什么的时候，花点时间独处，倾听自己内心的声音，几乎每一次这个细小的声音都能为你指明方向，告诉你正确的做法。

同时，下定决心不要做与这个细小声音相悖的事情。听从内心的指引，少走弯路。当你越来越信任这个细小的声音时，它也会变得越来越准确，并且更加快速地发挥作用。

⭐ 信守诺言

始终信守诺言。做承诺时要谨慎，一旦承诺要做某件事，就要下定决心兑现这个承诺，无论需要付出多大的代价。

第四章
保持诚信

有一个关于承诺的有趣现象。每当你做出承诺,然后信守诺言,特别是当你付出了意想不到的努力或牺牲时,你的自我感觉会更加良好。你的自尊与自信都会得到加强。信守诺言会使你的内心更加强大,让你提高自尊感与自豪感。

但无论何时,当你违背诺言,或未能履行你所做的承诺时,你的内心都会产生消极之情,这会让你感到自身的虚弱和渺小。当你未能履行承诺时,你常常会批评、抱怨和谴责他人。你会找借口,比如说"人人都会这么做"。

⭐ 做一个守信的人

承诺分为两种:对别人的承诺和对自己的承诺。

个人成功法则
PERSONAL SUCCESS

信守对别人的承诺并在人际关系中树立诚实守信的形象非常重要。同样,信守对自己的承诺也很重要。如果你向自己承诺要每天锻炼、改善饮食、准时开会或完成一门课程,就必须遵守这些承诺。当你未能履行对自己的承诺时,哪怕没有其他人知道,它也会渐渐破坏你的自信和自尊。

做出承诺时需谨慎,要经过深思熟虑,但是一旦你对自己或其他人做出承诺,就必须约束自己去兑现承诺。长此以往,你会惊讶地发现,人们对你的看法以及你对自己的认识都会发生质的飞跃。

▶ 实践练习

1. 找出生活中令你感到不适或者你尚未全力以赴的领域,下定决心完全放弃该领域,或者全身心

第四章
保持诚信

地投入该领域中。

2.想一想你对他人或自己做出的承诺中,是否存在未履行的承诺,如果有,下定决心在一定时间内兑现该承诺。

第五章
培养积极的心态

莎士比亚曾写道:"世上之事物本无善恶之分,思想使然。"

有这样一个规律,决定一个人的高度的是心态而非才能。越是积极向上的人越容易受到他人的喜爱和尊重,获得更丰厚的报酬与快速晋升的机会。越来越多的人会喜欢、支持他,并与他合作。

你的心态越积极,对别人的影响力和说服力就越高。就像阳光下盛开的花朵,人们愿意向那些对自己热情友好的人敞开心扉。

第五章
培养积极的心态

美国作家、演员、民权活动家玛雅·安吉罗（Maya Angelou）有句名言："人们会忘记你说过什么、做过什么，但是永远也不会忘记你带给他们的感受。"

⭐ 学会乐观

一个人的成功和进步，85%取决于他的心态。宾夕法尼亚大学教授马丁·塞利格曼（Martin Seligman）认为，预测一个人能否获得成功和幸福，最重要的是看他是否具备乐观的心态。乐观既可以被衡量其程度，又可以通过学习获得。怎样通过学习成为一个乐观主义者，或是说，一个积极向上的人呢？你在大部分时间里思考什么，就会成为一个

什么样的人，所以成为一个乐观主义者的关键就在于要以乐观主义者的方式去思考，直到这种行为成为你的第二天性。那么大多数情况下，乐观主义者如何思考？

■ **思考自己想要什么以及如何得到它**

乐观主义者会思考自己想要什么以及如何得到。他们思考自己的目标以及每时每刻可以采取哪些具体措施来实现目标。朝着你认为重要的目标前进，你迈出的每一步都会令你感到积极、乐观和强大。

重要的是，你的脑海中可以连续容纳数百个想法，但每一次只能容纳一个想法，无论它是积极的还是消极的。如果能有意识地以积极的心态面对你的目标以及为实现目标而采取的具体行动，用积极的想法填满大脑，那么消极的想法就能被自动排除

第五章 培养积极的心态

在外。

最伟大的成功原则之一是,无论早中晚,你都要时刻想着自己的目标。每当意志消沉的时候,每当遭受挫折或心生失望的时候,想想自己的目标。用目标驱赶大脑中的消极想法,直到这种行为成为一种本能的反应。

■吸取宝贵的经验教训

在每一次挫折或困难中寻找有价值的经验教训。你所遭遇的每一个问题或障碍都包含着一个或多个经验教训。如果你能从中总结经验、吸取教训、思考自己可以从这种情况中学到什么,那么你的心态仍然是积极的,你依然掌控着自己的情绪。

■不断充实大脑

不断用积极的想法和信息去充实大脑。阅读积

极的书籍、文章、信息，它们可以帮助你提升生活与工作质量。开车或乘车时，以及在任何时候，只要有机会，你都可以用智能手机收听积极的、有教育意义的音频节目。参加积极的讲座和研讨会，在那里你可以了解到很多有价值的、建设性的观点，这些观点有助于提高生活的质量。

■控制你的态度

一个人的态度由两部分组成——对自己的态度和对他人的态度。如果你认为自己是有价值的、优秀的人，那么你就会更加积极乐观，并取得更高的成就。如果能用积极的态度看待自己，那么你对别人的态度也是积极的。两者相互关联，似乎存在一对一的关系。

第五章 培养积极的心态

⭐ 你需要他人

你在工作中取得的几乎一切成就都需要他人的帮助与配合。在当今社会，没有人必须帮助你，如果别人帮助你，那基本上完全是出于他们个人的意愿。如果你能以积极的态度对待别人，总能看到别人的优点，总能充满同情地倾听别人讲话并提出许多问题，那么别人也会热情地对待你，并愿意接受你的影响。他们会主动帮助你，与你一起工作、相互配合，帮助你实现目标。

几年前，卡内基理工学院进行了一项研究，发现在被研究的十年间，被大公司解聘的员工，95%都是因为无法与他人和谐相处。他们无法与他人和谐相处的原因在于他们心态消极，而非能力不足。

个人成功法则
PERSONAL SUCCESS

积极的人更容易升职，担任责任重大的职位。因为上司更喜欢与乐观向上的人共事。

▶ 实践练习

1. 想想你的目标是什么，为了实现目标，你需要时刻做什么。用你的目标填满大脑，直至自己成为一个真正积极向上的人。

2. 你从当下的困境中可以吸取哪些经验教训？仔细研究，找出有价值的部分，这么做有助于你在未来取得更高的成就。

第六章
积极沟通，积极期望

沟通方式在很大程度上决定着你的生活质量。在一项调查中，研究人员请高级主管列出最重要的领导技能与商务技能。86%的受访者认为，沟通能力是最重要的一项技能。

沟通能力不仅包括与他人沟通的能力，还包括如何通过内心对话和积极的自我对话与自己进行沟通的能力。

个人成功法则
PERSONAL SUCCESS

⭐ 解释风格

一个人 95% 的情绪都取决于他的内心对话或解释风格。当你以积极的、建设性的方式向自己和他人解释某件事时,你能保持头脑冷静与思路清晰,并掌控局面。但如果以消极的方式解释某件事,你也会立即变得消极、愤怒且低效。

仔细挑选用词。多使用积极的词汇。不要使用"问题"这个词,它是一个会引发负面情绪的负面词语,你可以用"情况"一词,它是一个中性词语。更好的选择是"挑战"。比如,"现在我们面临一个有趣的挑战"或"一个意想不到的挑战""一个不同寻常的挑战"。挑战是你要奋起面对的东西——它能最大限度地激发你与他人的潜力。事实上,我们应以积

第六章
积极沟通，积极期望

极的态度期待挑战。用来描述"问题"的最佳词语是"机遇"。在工作与生活中，最大的机遇一开始都会伪装成问题、障碍，甚至是产品或事业的彻底失败。

■ **积极的自我对话**

始终给予自己积极的评价。切忌用你不希望成真的话来评价自己。不要批评自己或贬低自己。如果你犯了一个错误，马上说："下次我会做得更好。"以此来给自己积极的暗示。

当别人询问事情进展如何时，你告诉他们一切顺利。即使你遇到了问题，也不需要向他人表达你的问题或担忧。

当你进行积极的自我暗示时，这些积极的评价会迅速被潜意识接收，并将其视为命令。然后，潜

意识会使你的感觉、情绪和身体语言与自我暗示一致。不要以自己当下的样子为基础进行自我对话，你希望自己成为什么样，就以什么样的方式与自己对话。长此以往，你的情绪将会与这些自我对话保持一致。

对外也要保持乐观和开朗。不断鼓励周围的人，告诉你的员工，他们做得很棒。定期对他们取得的大大小小的成就表达感谢与认可。

⭐ 积极期望

最有效的激励方法之一是对自己和他人抱有积极的期望。无论在哪种情况下，都要看到人们身上的优点。纽约大学教授大卫·M. 罗森塔尔（David M.

第六章
积极沟通，积极期望

Rosenthal）多年来一直在研究积极期望的影响。他发现，我们在生活中得到的往往不是自己需要的东西，而是自己期望的东西。

你对自己的期望具有深远的影响。如果期望自己顺利完成任务，你就更有可能顺利完成任务。如果期望成功，你就更有可能成功。如果你期望坚持饮食计划或学习计划，你就能坚持下去。

不仅如此，无论是表达出来的期望还是藏于内心的期望，都会对其他人的行为产生巨大影响。

一个孩子的成长过程中，父母对他的期望深刻影响着他的成长以及他成年后对自己的信念。一个人成年后出现的大部分问题都可以追溯到他 3~5 岁时遭受的批评与消极期望。

你对配偶和孩子的期望会对他们的表现和自我

感觉产生超乎想象的影响。因此你要经常向他们传达这样一个信息：无论做什么，你都相信他们可以做好。

老板对你的期望会直接影响你的业绩以及你对工作的看法。优秀的老板擅长对员工寄托积极的期望。他们经常向下属表达自己对他们的信心。

你对员工的期望也会对他们产生影响。通常情况下，你应当寻找每个人的优点，期待最佳结果。这样做的效果很少会令人失望。

■期望美好

如果你对自己和周围的人抱有积极的期望，结果很少会令你失望。但是，如果你对自己和周围的人抱有消极的期望，结果同样不会让你感觉出乎所料。

美国企业家、慈善家W.克莱门特·斯通（W.Clement

第六章
积极沟通,积极期望

Stone)原本是个在芝加哥街头送报的孤儿,后来成为美国最富有的人之一,他认为每个人都应该成为逆向妄想狂。

妄想狂通常认为全世界的人都在密谋以某种方式伤害他。他不相信任何人,对他人疑心重重。几乎在任何情况下,他都会想到最坏的结果。他时刻保持警惕,认为其他人"图谋不轨"。

反过来,逆向妄想狂则认为全世界的人都在"密谋"行善,帮助他取得更大的成就。逆向妄想狂认为,每个人、每个问题和每种情况都是帮助自己在未来获得成功的"大阴谋"的一部分。这非常符合成语"艰难困苦,玉汝以成"的要义。

请你尝试与自我进行积极的沟通,与他人进行积极的沟通,期待最好的结果,总是看到人和事的

积极的方面，向别人表达你的欣赏与信任。你将会惊讶地发现，自己的职业生涯也因这些行为发生了变化。

▶ 实践练习

1. 每天早上起床后对自己说："我很快乐！我很健康！我感觉很棒！"无论何时，如果有人问你感觉如何，就微笑着告诉对方："我感觉很棒！"

2. 对自己和他人抱有积极的期望。告诉别人，你相信他们能够取得成功或顺利地完成任务。你的期望将影响他们的情绪和行为。

第七章
贵在行动

多年来,我接受的广播、电视、杂志、时事通讯、报纸、博客和观众采访的次数超过5000次。人们一遍又一遍地问我:"成功的秘诀是什么?"

美国销售行业专家奥格·曼狄诺(Og Mandino)曾告诉我:"成功没有秘诀,只有历久弥新的永恒真理。"话虽如此,但我认为商业成功的秘诀之一就是"完成任务"。归根结底,评价一个人的标准是他是否有能力取得人们所期待的结果,这也是他获得报酬的原因。那些赚取高薪并被提拔重用的员工,都

是完成工作的能力强的人——他们的成绩远在普通员工之上。

⭐ 行动提示

彼得·德鲁克认为,高管首先要思考的问题应该是"我希望得到什么?"这也应该成为你的首要问题。

在一项对104名首席执行官的研究中,研究人员询问受访者,在他们的企业中,具备哪些品质的员工最容易获得升职机会。大多数受访者都提到了两种品质。第一种是区分主次顺序的能力:确定哪些是主要任务,哪些是次要任务。第二种是积极行动并迅速且出色地完成任务的能力。

第七章 贵在行动

⭐ 速度带来机遇

成为企业的关键人物,这是职业生涯中快速晋升的方法。你需要树立这样一种形象:当别人想快速完成一件事时,他们会立刻想到你。如果只是想完成某项工作,他们可以将它交给别人去做,但如果任务完成的速度至关重要,你就是他们首要人选。

贵在行动——具有紧迫感是获得晋升所必备的重要品质之一。即使人人都知道你能出色地完成工作,但如果你的工作进度迟缓,将为你的升职之路带来超乎想象的阻碍。

个人成功法则
PERSONAL SUCCESS

⭐ 行动取向

成功人士有一系列"取向",这些习惯性的思维方式使他们与众不同。其中之一是行动取向。他们执着于行动,因此会不断思考可以通过哪些具体行动来实现目标并迅速完成工作。

他们总是处于动态中。走得快、动得快、做得快、想得快,甚至说话语速也很快。他们总是迫不及待,总是想着开始任务并完成任务。

⭐ 要事第一

如果成功的关键是完成任务,而完成任务的关键是行动起来,那么下一个问题就是:"你应该先做

第七章 贵在行动

哪些任务？"

答案很简单。如果你想奋发图强，快速且可靠地完成一项任务，那么你要先确保这项任务就其预期结果而言是最重要的一项任务。

区分主次顺序，确定最重要的任务，然后专注于这项任务，直到将它完成。

你想赚更多的钱吗？你想得到更好、更有价值的结果，尤其是老板认为最重要的结果吗？那么先确定你能完成的最重要的且能为企业做出最大贡献的任务，然后行动起来，持续不断地努力，直至将这些任务完成。

当你带着一种紧迫感，开始积极行动，努力完成主要任务时，你就会自动乘上通往成功的快车。

实践练习

1. 与上司交流，确定工作要取得的最重要的结果。请记住，将精力放在最重要的任务之外，就是浪费时间。实际上，如果你本应该做高价值的任务，却去做了低价值的任务，这会给事业带来负面影响。

2. 找出最重要的任务，立即行动，全心全意地做这项任务，直至完成。然后继续寻找下一个重要的任务，重复这个过程，逐渐形成习惯。

第八章
满足最重要的客户的需求

曾有人问爱因斯坦:"人活在世界上到底为了什么?"

爱因斯坦思考了一会儿后回答:"我们必须为他人服务。除此之外还能有什么其他目的吗?"

活着是为了以某种方式服务他人。无论对我们的工作还是家庭与个人生活,这条准则都成立。在工作中,你的报酬总是与你为他人提供的服务的价值成正比。如果想获得更高的回报,无论是增加收入还是升职,你都要专注于提高你提供服务的价值。

⭐ 确定客户是谁

你的客户是谁?这是你必须思考的最重要问题之一。你的晋升依赖于客户,客户也要依靠你获得他们需要的东西。

根据这个定义,你有3个主要的客户:你的老板、你的同事以及你所生产的产品和服务的需求者。

⭐ 你的老板

第一类客户是你的老板。你在事业上的成功与快乐很大程度上取决于老板对你的满意程度以及他对你有多少正面认识。

有些人完全忽视了这一点。他们认为自己在为

第八章
满足最重要的客户的需求

公司工作,对老板总是抱着中立或批评的态度。他们没有意识到,自己的未来取决于每天能在多大程度上取悦老板。

■我自己的例子

有一天,我接到一位高管打来的电话,他是美国最大公司之一的总裁兼所有者,具有极高的影响力。我们曾经见过几次面,有过几次交流,所以他认识我。他问我是否愿意担任他的私人助理。我立即接受了这份工作。

从那时起,虽然我对新公司的运作方式还不大了解,但我只专注于一件事——又快又好地完成他分配给我的任何工作。事实证明,这样做就足够了。

他像体育教练一样指导我,告诉我需要在哪些地方多下功夫,哪些地方不必虚耗精力。几乎每天

个人成功法则
PERSONAL SUCCESS

晚上他都会亲自对我进行 1 小时的指导。1 年之内，我管理了公司的 3 个部门，创造了数百万美元的收入。我拥有 3 间办公室，每个办公室都有员工。在他的推动下，我的事业得到了快速攀升，其速度超过了他在 200 多家公司和他在 30 年从业生涯中遇见的任何人。

我能取得这样的成绩的秘诀很简单。我把他当成了自己的主要客户。只要让他满意，我就可以完全摆脱大公司的钩心斗角和诽谤。

我很快成为公司里的"得力干将"。每当有重要工作的时候，老板总会先找我，并将工作交给我。我的任务就是思考如何完成这项工作，并聘用最终所需的 30 多个人。

第八章
满足最重要的客户的需求

⭐ 你的同事

第二类客户是你的同事,你与他们互相依赖。优秀的公司和团队往往有最开放的沟通方式。每个人都知道其他人在做什么,也知道每个人的工作的意义。大家会积极讨论某项工作,讨论每个人如何贡献自己的力量,以获得部门或公司期望的结果。

⭐ 你所生产的产品和服务的需求者

第三类客户是你所生产的产品和服务的需求者。这是最重要的客户,因此美国著名管理学家汤姆·彼得斯(Tom Peters)说,企业成功最重要的原则之一是"执着于客户服务"。

对你来说,最重要的需求者是谁?他们最看重什么?他们为什么购买你的产品或服务?如何服务他们、满足他们的需求、令他们感到满意?与竞争对手相比,你应该怎样让需求者获得更高的愉悦感?

⭐ 商业成功的关键

有时人们会问我,商业成功的关键是什么。我告诉他们,所有的商业成功都可以用一个字来概括:更。要想在商业上取得成功,你必须让客户满意。每个人都知道这一点。但要取得真正的成功,你必须给别人带去更多快乐。在为客户提供服务时,必须做到更快、更好、更便宜,使他们更愿意与你交易。

同样,个人的成功也取决于这个"更"字。从

第八章
满足最重要的客户的需求

今天开始,怎样做才能更好地满足最重要的客户的需求,怎样让他们更满意?你的未来就取决于你能否找到这些问题的答案。

> **实践练习**

1. 对你而言,最重要的客户是谁?你的成功依赖于他们,他们也需要靠你来取得成功并满足需求。

2. 至少想出一个现在就可以采取的措施,提高最重要的客户的满意度。

第九章
努力工作

十几岁时,我的志向是——在 30 岁的时候成为百万富翁。而 30 岁的时候,我仍然身无分文、苦苦挣扎。35 岁时,我开始举办关于个人成功与商业成功的研讨会和讲习班。一天,一家公司的总裁打来电话——该公司拥有 800 多家独立经营的分公司——对方问我是否愿意在公司年会上针对如何白手起家成为百万富翁这一主题做一次演讲。我欣然同意。几乎任何主题的开场演讲都能吸引绝大多数的观众。但挂断电话后,我意识到,尽管白手起家成为百万

第九章
努力工作

富翁是我成年后的主要志向,但我对白手起家的百万富翁知之甚少。

幸运的是,我有2个月的时间准备这次演讲。我立即开始研究能够找到的所有关于白手起家的百万富翁的资料。我惊讶地发现,许多人对这个问题进行了研究。近年来,数千位百万富翁接受了采访,他们都被问到这个问题:你是如何白手起家,并在一代人的时间内成为百万富翁的?

托马斯·J.斯坦利(Thomas J. Stanley)与威廉·D.丹科(William D.Danko)合著的畅销书《邻家的百万富翁:美国富翁的惊人秘密》(*The Millionaire Next Door: The Surprising Secrets of America's Wealthy*)含有针对白手起家的百万富翁所进行的充分的研究。二人经过多年研究发现,大多数的白

手起家的百万富翁表示，他们成功的关键就是努力工作。

⭐ 努力助你成功

准备这次研讨会的经历改变了我的生活。

看来，努力工作是白手起家的百万富翁的共同特点。一个努力工作的员工最能引起上司的注意。因此，你必须在工作中更加卖力。成功者总能超出预期地完成任务。他们投入的时间比其他人都多。除了别人要求他们做的事，他们还会再多做一点。正是多做的这一点使他们变得与众不同。

加倍努力。当你完成了分内工作时，没有人会阻止你再多做一点。如果今天你做的比得到的多，

第九章 努力工作

那么最终你会得到比今天得到的更多的回报。请记住,当你加倍努力时,没有什么可以阻碍你。

与平庸的人相比,成功人士的工作时间更长。在美国,收入最高的 20% 的人平均每周工作 60 个小时。收入最低的 20% 的人和家庭每周工作时间不足 20 小时,其中一些人根本不工作。

不仅如此,收入最高的 20% 的人不仅工作时间长,并且在工作中也更加努力。而收入最低的 20% 的人往往只完成最低限度的工作,他们的目标是保住饭碗就好。

★ 上班时专心工作

成功的另一个关键是上班时专心工作。不要浪

费时间，一整天都要埋头工作。如果有人想找你聊天，你可以说："我很想和你聊天，但现在我得工作。我们何不过一会儿再聊？"

一般员工常常卡点上班，拖拖拉拉地喝咖啡与吃午餐，有时会利用白天的时间去购物、处理私事、看报纸，下班时间一到就溜之大吉。

高效能员工以及处在快速提升阶段的人都不会这么做。他们会对自己的工作进行规划，然后按规划行事。他们一到办公室就立刻投入工作，仿佛参加跑步比赛一样，发令枪一响就启动。他们整天都在工作，不会浪费任何时间。他们会区分任务的主次顺序，优先处理对老板和公司最重要的工作。公司里的每个人都知道谁在努力工作，谁在偷懒、偷奸耍滑。

第九章 努力工作

⭐ 练习努力

你可以做一个练习：假设人们要进行一项秘密调查，以确定谁是公司内最努力的员工。整个公司只有你知道这项调查正在进行。你的目标就是赢得这场比赛。因此，下定决心，让公司全体员工在年底评选最努力的员工时都能投你一票。

幸运的是，你越是努力工作，得到的回报就越高。回报越高，你的工作积极性与工作的完成质量就越高，获得晋升的速度也会越快，最终收入也会随之提升。当公司内人人都知道你是最努力的员工后，一个崭新的世界就为你敞开了。

个人成功法则
PERSONAL SUCCESS

> **实践练习**

1. 从现在开始，在上班时将全部时间都投入到工作中。这样，你每一天的效率与产出都会大大增加。

2. 每天早上找出当天最重要的任务，并将它作为当天的第一项工作，全身心地投入其中，直至完成。

第十章
持续学习

每个人都想升职加薪,但大多数人希望这是一个潜移默化的过程。事实上,他们认为收入的多少取决于老板和经济大环境。

但我认为,收入的决定性因素其实是你做了什么和没有做什么。我们处于什么样的位置、成为什么样的人,都是我们自己有意识或无意识的决定的结果。如果你对目前的收入不满意,找一面离你最近的镜子,站在镜子前与你的"老板"(镜子里的你)谈判。镜子里的你就是决定你收入多少的人。

✪ 你的收入已达极限

事实上,就你目前的知识与技能水平来说,你的收入已经达到了极限。就你现有的能力来说,你的发展已经到达了最大限度。如果想在未来提高收入,你就必须吸收新知识、学习新技能,从而更加出色地完成更多任务,满足他人的需求,让他人愿意为此付费。

幸运的是,如果你愿意努力学习并为此做好准备,你就可以实现自己的目标。持续的自我提升意味着不断完善自己的技能、持续学习和训练、不断进步。

第十章 持续学习

⭐ 再谈二八定律

芝加哥大学已故的诺贝尔经济学奖得主加里·贝克尔（Gary Becker）对收入不平等的问题进行了研究。他发现，人口大致分为两部分，前20%和后80%。

贝克尔发现，后80%的人年收入增长率约为3%，只比同期的通货膨胀率高1%。因此，实际上他们的收入增长非常缓慢，他们不会领先，总是负债累累，总是为钱担忧。到了退休的年纪，他们几乎没有多少储蓄可供使用。

贝克尔还发现，后80%的人在有了第一份工作后就很少再学习新知识。年复一年，他们始终用相同的方法做着相同的工作，不读书、学习、研究或提升自己，因为他们周围的人也不学习新知识，在

事业上毫无建树，他们自然而然地认为每个人都过着这样的生活。

但贝克尔在对收入最高的20%的人进行研究后发现，他们的收入年平均增长率为11%。原因很简单。他们都是终身学习者。

他们会阅读各种商业与个人发展类的书籍，参加各种研讨会和讲习班，以提高自身技能。他们购买并收听自己能找到的教育节目，并且经常与志同道合的人交流，沟通想法、见解和新的信息来源。这样的交流有助于他们提高工作效率与质量。

⭐ 3步公式

有3个方法可以帮助你持续学习。通过实践这3

第十章 持续学习

个方法,你的生活将发生变化,其速度可能会超出你的想象。在工作中实践一个新的想法可以将你的职业生涯推进1年、2年甚至5年。

■每天读书

首先,下定决心每天阅读专业书至少1小时。把其他类型的书、报、刊放在一边,关掉电视和电脑,集中精力读一些对事业有价值且有帮助的东西。

如果每天花1小时阅读优秀的专业书,那么平均1周就能读完1本书。1周读1本书,1年就能读50多本书。在美国,要在一流的大学取得博士学位,通常需要阅读并消化30到50本书,因此,每天阅读1小时优秀的专业书,然后思考如何将所学到的新观点应用于实践,从而更加出色地完成工作,这相当于每年都可以获得一个你所在领域的博士学位。

个人成功法则
PERSONAL SUCCESS

■ 边听边学

第二,利用一切机会收听音频学习节目。在车里听 CD。当你开车、走路、乘坐飞机或在机场候机时,可以在智能手机上收听优质的有声读物。

平均来说,人们每年乘车的时间为 500~1000 小时,相当于 13~25 个工作周(每周以 40 小时计算)。这相当于美国的 1~2 个大学学期[1]。

■ 参加培训

第三,尽你所能参加培训。参加公司或公司外举办的研讨会,必要时可以花钱参加额外的培训。

一旦确定了自己的职业道路,就要思考如何达成目标。掌握时间管理与个人沟通技巧,学会设定

---

[1] 相当于中国的约 1 个大学学期。——编者注

第十章 持续学习

目标、解决问题、决策和战略规划。学习你需要学习的技能，提升进步的速度。

▶ 实践练习

1. 问自己一个问题：为了在职业生涯中更加快速地前进，你最需要精通哪一项技能？无论答案是什么，你都需要制订一个学习该技能的计划，并每天按计划学习。请记住，要实现一个你从未实现过的目标（获得一个你从未获得过的收入），你必须学习和掌握一项全新的技能。

2. 致力于终身学习。每天花一点时间读书。在上下班的路上收听音频节目，参加课程和研讨会。让自己变成吸收新信息的海绵，不断打开那些能够最大限度推进你的职业生涯的思想宝库。

第十一章
提高演讲能力

提高演讲能力可以使你的职业生涯发展提快5～10年的时间。较强的在公共场合演讲的能力将极大地提升你的勇气与自信,使你更加沉着稳重。学习演讲是一项终身受益的投资。只要你想学,就能学会。

人们认为,能够在众人面前演讲的人往往拥有高于他人的知识储备量、智慧程度、能力和影响力。当你站起来发表一番富有说服力的演讲时,人们会认为你比那些不能在公共场合演讲的人更加览闻辩

第十一章 提高演讲能力

见,并且拥有更加坚定的信念。

⭐ 克服恐惧

大多数成年人认为,公开演讲是他们最糟糕的经历。一想到必须在公共场合发言,大多数人就会感到胃内翻腾、心跳加速,浑身颤抖。

幸运的是,每个人都有能力在别人面前流利自信地讲话。事实上,我常在演讲研讨会上说:"在座的每一位都是出色的演说家。你一出生便赤身裸体地在一屋子陌生人面前发表了人生的第一次演讲。"

害怕公开演讲是一种后天的恐惧,没有人天生如此。人们总会在成长的过程中强化某些负面经历,进而产生这种恐惧,然后形成自我限制信念,认为

"我就是这样"。但这种信念并非事实。

⭐ 演讲是一项可以学习的技能

公开演讲与商务演讲的能力是一系列技能的组合——你可以通过练习和重复学习使之变成习惯。

阿尔伯特·哈伯德（Elbert Hubbard）是美国历史上最高产的作家之一。有一次，有人问他："如何才能成为一名优秀的作家？"他的回答十分经典："学习写作的唯一方法就是不断地写。"

套用哈伯德的话来说，学习演讲的唯一方法就是开口不断地说。

通过在不同规模的团体面前练习演讲，你的恐惧最终会消失，取而代之的是自信、勇气和兴奋感。

第十一章 提高演讲能力

学习演讲的好方法是进行演讲。经过在专业演讲领域30多年的耕耘，我发现一个人在一群人面前站起来演讲的次数越多，他的公开演讲能力就越强。

学习如何在公共场合演讲也能帮助你完善演示报告、提高产品销量、增加收入、为自己和家人创造更好的生活、大大提升你的自信心。

⭐ 消除恐惧

害怕被拒绝（对他人的意见和反应高度敏感）与害怕公开演讲之间存在直接关系。这两种恐惧处在潜意识的同一条回路上。

克服了对公开演讲的恐惧后，通过一次又一次的公开演讲，你也能克服对被拒绝的恐惧。当你不

再害怕被他人拒绝时，你与其他人相处时的自信心也会随之增强。如果销售人员能够克服被拒绝的恐惧和羞于电话推销的心理（可以预料到，潜在客户对他们的产品或服务不感兴趣或抱有消极态度），很快他们就会发现，自己不再惧怕给更多人打电话。

⭐ 更多益处

如果你能下定决心克服对公开演讲的恐惧，然后坚持这一决定，在众人面前勇敢地发表演说，那么在未来，你将无所畏惧。你的亲身经历证明，你可以直面阻碍进步的恐惧，并彻底克服这些恐惧。这段经历能够令你获得很大程度的解放。

第十一章 提高演讲能力

> **实践练习**
>
> 1.现在就下定决心,在未来6~12个月内成为一名出色的演说家,并且立刻采取行动。
>
> 2.下定决心在未来7天之内进行你人生中的第一次演讲。在世界各地的大多数社区内都有演讲会俱乐部,人们可以很便捷地参加。

第十二章
与更合适的人交往

你会成为什么样的人，95%取决于你对同伴的选择。即使有相同的背景、训练和机遇，有些人能够取得成功，而有些人却一无所成。这是为什么？哈佛大学心理学家戴维·麦克利兰（David C.McClelland）针对该问题进行了一项历时多年的研究，结果发现，一个人能否成功的决定性因素是他所选择的日常交往的对象，即"参照群体"。

麦克利兰发现，你的生活能否发生积极的变化，关键取决于你能否认同其他类型的人。当人们被带

第十二章
与更合适的人交往

到一个"陌生的地方"（研讨会、讲习班等）时，他们能够认识不同类型的人，并与之交谈和工作，因而他们有了新的参照群体。他们会发现，与原有的参照群体相比，自己更适合这个新的参照群体。

⭐ 与鹰同飞

励志演说家齐格·齐格勒（Zig Ziglar）说得好："如果你一直和火鸡共处，就无法与鹰同飞。"

远离消极的人，与积极的人交往，这样，你的思维、行为和感受也会发生变化。你会无意识地问自己："在这种情况下，新的参照群体会怎么做？"

个人成功法则
PERSONAL SUCCESS

⭐ "智囊团"思想

据估计，一个人的平均年收入是与他最亲密的5个人的平均数值。

拿破仑·希尔在其杰作《思考致富》(*Think and Grow Rich*)中总结了美国白手起家的百万富翁所具备的16种特质。后来他曾说，这些品质中最重要的之一是"智囊团"思想。

为了组织你自己的"智囊团"，你需要在周围找出3~4个你非常欣赏并以之为榜样的人。给他们打电话或亲自拜访他们，邀请他们参加每周的"智囊团"会议，和他们在当地的咖啡馆或餐厅一起吃早餐或午餐。

你会惊讶地发现，人们总会欣然接受邀请，加

第十二章
与更合适的人交往

入"智囊团"。在这些会议上,你可以使用结构化或非结构化方法。你可以让大家随意交谈1小时,不限制发言者和话题,也可以在每次会议上提出一个具体的焦点话题。

我见过的最成功的"智囊团"会议由一位成功的皮肤科医生组织。他邀请了一部分致力于个人与职业发展的人,于每周的某一天早上6:30在他的办公室召开会议。会议一直持续到早上8:00,散会后大家前往各自的工作岗位。

每次会议之前,"智囊团"成员都会选择一本书,用接下来1周的时间进行阅读。在下一次会议上,由其中一人发表对此书的评价,并向其他人分享阅读本书后的宝贵收获。然后,成员们会在房间内四处走动,互相交流有关本书的想法、评论和体会。

最终,这个小组的成员增加至大约 16 人,成员们全都是来自不同行业的商界人士。在跟踪该小组几年之后,我注意到,每个成员的事业都在加入小组后突飞猛进。他们或收入成倍增长,或得到了晋升机会,他们的公司也发展壮大。他们都认为,自己之所以能够取得这样的成功,是因为加入了这个"智囊团"。

⭐ 精挑细选

有些人积极向上、志存高远,他们雄心勃勃,立志今生要做出一番事业。你要始终与这样的人在一起。这可能不容易,但绝不要把时间花在那些对你毫无益处的人身上。罗斯柴尔德男爵(Baron

第十二章
与更合适的人交往

Rothschild)曾经说过:"不要结交无用之人。"避开阻碍你前进的人。把时间花在无用的社交活动上并与那些无所作为的肤浅之人交往,这是很多人走向失败的一个主要原因,但这些人自己却没有意识到这一点。

不要放过任何小事!如果你与那些不能提供帮助,也不能在某些方面对你有所益处的人交往,那么你就放弃了和那些可以帮助你的人交往的机会。两者非此即彼。

> **实践练习**

> 1. 列出与你交往最密切的人。你希望自己成为与他们一样的人吗?你希望自己的孩子长大后也成为与他们一样的人吗?与他们交往是否丰富了你的

生活？

2. 立即组织一个"智囊团"。邀请你最欣赏的2~3个人加入，每周组织一次会议，讨论生活、工作和未来，会议时间可以选在早饭或午饭的时候。你能从这些会议中收获意想不到的东西。

第十三章
持续建立人际关系网

提高生活质量、推动事业发展的最重要的方法之一，就是持续与你所在领域的其他人建立联系。多年来，我参加了不同企业和协会组织的 1000 多次会议。我发现，顶尖人物总会参加这些会议，而普通人却找借口不参加。

成功的一条重要法则是，你认识多少人，又有多少人通过正面的方式认识了你，这会直接关系到你成功与否。换句话说，决定未来的不是你知道什么，而是你认识谁。

个人成功法则
PERSONAL SUCCESS

⭐ 创造性求职

我进行了一项调查,名为"创造性求职:如何找到一份理想的工作"。调查结果令我惊讶:85%的新员工都是通过熟人的熟人推荐,才得到了一份并未刊登过招聘启事的工作。

在职业生涯中,如果你能在合适的时间和地点认识一个合适的人,或许就能帮你提前5年取得理想的收入和职位。但是你永远都不知道谁是那个合适的人,所以必须先认识足够多的人。如何才能做到这一点?你需要建立人际关系网。

⭐ 在有鱼的地方垂钓

在哪里建立人际关系网,如何建立?很简单,

第十三章 持续建立人际关系网

鱼在哪里,你就到哪里钓鱼。因此,那些最重要的人、能为你提供最大帮助的人,以及你能帮助的人在哪里,你就去哪里。

首先,在你所在地区或全国挑选1~2个商业协会并加入。一定要选择你所在行业或职业的全国性协会。查找该协会是否有地方分会。如果没有地方分会,可以加入商会等一般商业协会。每个组织内都有你需要认识的人。你与他们可以建立互帮互助的关系。

⭐ 做一个积极的付出者

许多人认为建立人际关系网就是参加会议、分发名片,招揽生意。这种想法大错特错。善于建立

个人成功法则
PERSONAL SUCCESS

人际关系网的人往往会采用一种简单策略,且容易取得成功。

结识新朋友的时候,你需要确定自己能够为他们做什么,从而为他们的生意提供帮助。忘掉自私。做一个积极付出的人,而不是积极索取的人。

提出开放式问题,仔细倾听答案。人们喜欢谈论自己和自己的职业,所以你可以多问一些问题。如果你能提出很多问题,并认真倾听对方的答案,同时点头微笑,那么对方对你的好感度也会增加,他会更加尊重你,认为你是一个聪明且有洞察力的人。

对于商界人士,最适合提问的问题是:"我需要了解你的产品或服务的哪些方面,才能向你推荐新客户,你的产品主要面向哪些客户?"

只要为对方输送一个新客户,哪怕只是尝试为

第十三章
持续建立人际关系网

他推荐一个新客户,你与他之间就能快速建立起牢固的纽带。对方会欣赏你,并永远记住你。

⭐ 积极加入协会的委员会

大多数人加入协会后会出席会议、分发名片,然后在会议开始前或会议结束后立即离开。你可不能这样做。

相反,你需要阅读协会资料,找出其中最重要的委员会,然后自愿加入其中一个委员会。之后,你要出席委员会会议、主动承担任务。

事实证明,协会中最重要的人物往往都是最重要的委员会成员。如果你主动加入一个委员会,自愿承担责任,然后又快又好地履行职责,那么面对

这些能够为你的职业生涯提供巨大帮助的人，你才能有机会以一种不具威胁性的方式"表现自己"。人们可以看到你是什么样的人，你能做什么样的工作。他们会做"心理笔记"，并将这些心理笔记储存起来，然后思考自己可以为你提供什么样的机会，聘用你做什么样的工作，或者将你推荐给哪些需要你的才能的朋友。

每天都有成千上万的人经由志愿组织或其他非营利组织委员会成员的推荐而获得重要的工作。这个策略也为我个人的职业生涯带来了巨大的帮助。

⭐ 善用时间

前途渺茫的普通人每天下了班就回家看电视，

第十三章
持续建立人际关系网

而那些拥有美好未来的顶尖人物每周会花大约 2 个晚上的时间去建立自己的人际关系网。这样的 2 个晚上往往能为他们省去数年的辛苦工作,进而让他们在自己的领域内取得理想的成绩。

> **实践练习**
>
> 1. 无论去哪里,即使是在餐厅和电影院排队的时候,也要持续建立人际关系网。向他人介绍自己,询问他们的工作,认真倾听他们的答案。
>
> 2. 从今天起,至少找到一个行业内的相关协会,你要确保自己与协会成员可以互相帮助,然后加入该协会。这些组织一般都是开放的,非常欢迎新成员。

第十四章
积累知识

你要成为你所在领域的专家。你要成为企业内专业知识最丰富的人。在公司内树立最佳声誉。

我们生活在信息时代,因此你要成为一名知识型员工。你的价值、收入和未来取决于你可以运用什么样的知识为企业和其他人创造成果。

每个组织内都存在专家权力。它属于那些对商业知识了如指掌的人。要想获得这种权力,你必须尽可能充分地了解自己的工作。多花一些时间去阅读、参加课程、全方位地熟悉工作内容。

第十四章 积累知识

⭐ 成长快的企业的经验

《公司》(*Inc.*)杂志每年都会公布美国成长最快的500家企业名单。该杂志对这些企业进行了一项调查:"如果一家企业希望快速提高销售量和盈利能力,哪些方面最值得投资?"

答案可能会令你吃惊。不是增加广告、改进产品包装或制定新的竞争战略。相反,最值得投资的是提升产品或服务的质量。快速发展的企业一致认为,与其将钱投入到其他方面,不如用于提升产品或服务质量,这样做才能对销售量与盈利能力产生更加深远的影响。

⭐ 质量改进有助于成功

这不足为奇。在市场上,那些被公认能为其特定客户提供高质量产品或服务的企业才能赚取丰厚的利润。即使是沃尔玛这样的企业,其大部分客户都处于工薪阶层,但它能以最具竞争力的价格为客户提供最广泛的产品和服务,因而它能凭借高销量赚取丰富的总利润,也被客户认为是最优质的供应商。

质量改进原则也适用于个人。最好的投资是将时间和金钱投资到自己身上——提升自身知识和技能、提高工作质量。当你成为所在领域的顶尖人物时,就能获得高回报,取得高成就。

第十四章 积累知识

⭐ 制定长期战略

加里·哈默（Gary Hamel）与C.K.普拉哈拉德（C.K.Prahalad）在《竞争大未来》（*Competing for the Future*）一书中指出，成功的企业会制订未来10年的战略计划，明确企业必须具备哪些核心竞争力才能在未来成为该领域的领导者，然后从现在开始培养这些竞争力。

要成为所在领域的领导者，你必须知道未来必备哪些基本知识和技能。神奇的是，你学得越多，学习就会变得越发简单，你会变得越来越聪慧，记忆力也越来越好。每当你学习了新东西时，就能激活更多的脑细胞，从而使未来的学习更加容易。

⭐ 积累重要技能

环顾四周,你所在的企业或行业中收入最高的人是谁?他们具备哪些令他们脱颖而出的专业知识和技能?

根据调查显示,"财富 500 强"企业的首席执行官平均年收入为 1030 万美元,是其企业员工平均收入的 258 倍。这是为什么?

答案是,这些高管在职业生涯中逐渐积累了重要技能。这些技能相互组合,使他们能够更加高效地取得更加优异的业绩。一个能力出众的首席执行官在 1 年内为公司带来的收益可能高达数十亿美元。与这一回报相比,1030 万美元的平均薪酬是合情合理的。

第十四章
积累知识

要成为企业内最有价值的员工,你需要具备哪些才能?就算你通过阅读和学习只得到了一个新想法,只要是一个正确时间内的正确想法,那么它对你的事业就是有价值的。

悄悄地成为一名专家。下定决心成为你所在领域中排名前5%的专家,不断学习,直到成为最了解业务的人。

不要把自己知道的东西都告诉别人。这并非意味着你要隐瞒信息,只是不要过分外露你的学识,或者到处展示你的专业知识,仿佛自己无所不知。你只需集中精力,努力成为企业内更有价值的资源,并逐渐精通那些对企业收入和盈利能力贡献最大的领域。

众所周知,知识就是力量。实际上,只有实用

的知识才是力量。知识应当被合理利用，才能取得更好的成果。

> **实践练习**

1. 选择一项能够有效提升你对于企业的价值的技术或能力，然后全身心地投入到对该技能的学习中，直至掌握。

2. 你欠缺哪项技能会阻碍你充分挖掘自身潜力？下定决心掌握这项技能。

第十五章
穿出成功

我们常常依据一个人的外表对他进行评价。你给别人留下的第一印象，95%来自你的衣着打扮，因为你的衣着打扮占据了他人所能看到的你的95%形象。

你能穿出成功。看看公司里的高层人物，以他们为榜样调整你自己的穿着。人们不喜欢和不同于自己的人一起工作，也不愿意提拔这样的人。找出企业和行业内最优秀的榜样和顶尖人物，模仿他们的穿着。如果他们有特定的穿衣风格，你也可以学

习这种风格。同时了解公司的着装规则，不要违反这些规则。

有人说："别人不应该靠外表来评价我。"但事实是，你常常以外表来评价别人，所以别人为何不能以同样的方式来评价你呢？反正他们也会这么做。

曾经的我迟迟难以取得成功。我掌握了丰富的知识，做好了充分的准备。与客户见面时，我总是表现得非常积极、友善且风度翩翩。但不知何故，每到我们要做决定的时候，客户总是说："好吧，让我再考虑一下。"

有一天，发生了一件事，它改变了我的生活。一位比我年长且睿智、成功的推销员把我拉到一边，亲切地问我是否愿意听取一些关于着装方面的建议。当时我求知若渴，因此对他说，我愿意接受他的任

第十五章
穿出成功

何建议。

当时我穿着一套不合身的西装,那是我在一家小西装店里以低价购买的。当然,它看起来也十分廉价。此外,我还穿了一件免熨的人造丝衬衫,系了一条细领带,脚踩一双邋遢的鞋子,留着一头长发,这样的打扮难以取信任何人,尤其是客户。

我仍然记得那位推销员教我的正确的商务着装方式。他讲解了有关袖口、翻领、衬衫领与衣服合身度的问题,解释了不同颜色搭配的重要性,并建议我买一双贵一点的皮鞋,每次出门前将鞋子擦亮。

在接下来的几天里,他带我出去,帮我从头到脚换了一套我几乎买不起的新行头。

第一天穿着新衣服拜访潜在客户时,我就收到了非同寻常的反应。潜在客户不再把我当成刚从街

上进来的低级推销员，他们非常尊重我，认真倾听我讲话。最重要的是，越来越多的客户开始购买我的产品。很快，我的收入就达到了前所未有的高度。

⭐ 得体的商务着装能带来新机遇

至少阅读1本有关商务着装的书，提高对这一方面的关注度。你的穿着非常重要，不容忽视。在我的职业生涯中，曾经遇到过这样的情况：我是办公室里穿着最得体的主管，这为我争取到了不少机会。原因很简单：得体的穿着让我看起来更有信誉，而信誉就是一切。

在职场上，穿着得体的人看起来更有能力，也更加聪明可信。如果你的各个方面看起来都十分出

第十五章
穿出成功

色,人们会更加相信你的判断。

配饰和其他细节也很重要,包括腰带、领带、首饰、袜子和鞋子。仔细保养你的公文包或手提包,让它始终保持整洁、美观。个人仪容也非常重要。当人们看着你的脸时,他们也会看到你的头发、脑袋和脖子。他们会立即判断出你是否可信。

人会受到确认偏误的影响。第一次见到你后的4秒钟内,人们就会形成对你的第一印象。在接下来的30秒内,他们会确定最初印象。在那之后,他们会寻找证据证明自己的想法。因此人们常说,你永远没有第二次机会树立"第一印象"。

个人成功法则
PERSONAL SUCCESS

⭐ 对面部毛发的建议

为人提供建议时,我意识到了面部毛发的重要性。人们在潜意识中会认为蓄胡须的男人在隐瞒某事,就像强盗会戴面罩遮住自己的脸一样。如果在商务场合遇到一个蓄着胡须的男人,你的潜意识会认为此人不可信。

如果一个人留着胡子,别人往往会认为他是个优柔寡断的人,无法在留胡须、留大胡子或剃光胡须之间做出决定。

因此对于蓄着胡子的人,我的第一个建议就是把胡子剃掉。对销售人员、律师或任何希望影响他人的人,我的第一个建议也是清理掉面部的毛发。

第十五章
穿出成功

⭐ 让自己看起来像冠军

每天早上,站在镜子面前问自己:"我看起来像不像企业里最优秀的人?"

当人们第一次见到你的时候,你会给他们留下什么样的印象?如果你对自己的答案不满意,或者你对自己给他人留下的最初印象不满意,请记住,你给他人留下什么样的印象,由你自己控制。你每天早上都要精心挑选当天要穿的每一件衣服,认真整理自己的仪容。

▶ 实践练习

1. 寻找行业内最成功、最受人尊敬的人。和他们相比,你的穿着怎么样?

2. 花2倍的价钱,买一半数量的衣服。购买一

套精致服装，以提升自身气质。穿着这套服装去上班，看看会发生什么。

第十六章
追求卓越

成为你所在领域的佼佼者。无论做什么工作，卓越的业绩始终是快速晋升的基础。在工作中追求卓越，为自己设定高标准，拒绝以任何理由妥协。

今天的职场正上演着两场战争。一场是业绩之战，另一场是权谋之战。你必须参加第一场战争，并决意在此战争中取得胜利。

个人成功法则
PERSONAL SUCCESS

⭐ 远离政治权谋

有些人擅长办公室政治，至少在短期内如此。他们被称为马基雅维利主义者。事实证明，专注于政治权谋的人通常会掩饰其低劣的工作业绩。他们最终会被识破。而那些专注于业绩和任务，并在工作中越来越出色的人，才是最终的赢家。

在长远的发展中，实干者总会避开马基雅维利主义者和善于玩弄权术的人。只有当一个组织能够吸引和奖励高绩效员工时，组织才能生存下去。从长远来看，善于玩弄权术的人对组织的成功没有任何贡献。如果可以选择，请将你的全部精力放在业绩上。卓越的业绩是晋升的关键。

关于快速晋升，研究人员一次又一次地发现，

第十六章 追求卓越

在评估绩效时,人脉、政治、金钱、教育和经验都不是最重要的影响因素。取得突出的业绩后,你就可以拥有极大的优势。

⭐ 考虑 3 个因素

为了打造一个帮助你登上行业巅峰的个人商业模式,你需要考虑 3 个因素:什么,谁,怎么样。

■什么

"什么"是指你能提供什么价值。你可以做什么,从而使自己成为企业内重要的甚至是不可或缺的人?为了掌握新的技术和能力,你可以做什么?为了迎接未来,你应该掌握哪些技能?

你的价值是你所能贡献的所有价值之和,是他

人聘用你、支付给你想要得到的报酬，甚至在未来向你支付更多报酬的原因。你能为你的企业带来什么价值？

■ **谁**

"谁"是指你的客户。客户是你的服务对象，是你必须利用你的专业才能服务，并从中受益的人。通常情况下，这个客户是你的老板、你的同事以及你所生产的产品和服务的需求者。

你需要找到一个完美的连接点，将你的专业技能与那些广泛受益于该技能的人的具体需求密切联系起来。

■ **怎么样**

"怎么样"是指交付结果的方式，这个结果正是人们所想、所需和所用的东西，人们愿意为这个结

第十六章 追求卓越

果付费。如果你每一次都能专注于最重要的结果，并且又快又好地取得这一结果，你就可以登上行业之巅。

⭐ 引起注意

出色的业绩比其他东西更能引起上司的注意。业绩就是一切。

研究人员通过调查发现，当一个人参加工作2年后，没有人会在乎他毕业于哪所大学（甚至不管他是否有大学学历），或者他在校时取得过什么样的成绩。当你参加工作2年以后，大多数人关心的都是你的工作做得如何。

我们在第十四章中谈到了投资产品与服务质量

的重要性。对个人来说也是如此。如果你能在工作中投入更多时间和精力，更加出色地完成任务，那么你将获得更多机会。

▶ 实践练习

1. 在哪个领域内取得卓越的业绩可以提高你对企业的价值？找到这个领域，并努力使自己成为该领域的人才。

2. 找出你不擅长且缺乏兴趣的领域，设法将与之相关的任务委派给其他人，这样你能有更多时间去做对职业生涯意义重大的事情。

第十七章
战略规划

战略规划能力在实现商业成功与个人成功的过程中有关键作用。事实上,具备战略思考的能力,下好生活这盘棋,对你的成功至关重要。

成为一名优秀的战略规划者。提前几个月甚至几年做规划。花点时间思考自己的长期目标,确保你今天所做的每一件事都在帮助自己向着目标前进。

个人成功法则

PERSONAL SUCCESS

★ 战略规划的 7 个关键项目

在工作和生活中,你可以通过简单的步骤来确定 7 个关键项目,以进行战略规划。

(1)愿景。假设在未来,无论你想做什么、拥有什么、成为什么样的人,都不会遭遇任何限制。如果你在未来 5 年的工作中一帆风顺,那么你的职业生涯将变成什么样,将与今天有哪些不同?

(2)价值观。对你而言,生命中最重要的价值观有哪些?如何按重要性对这些价值观排序?越了解自己的真实价值观,你在做出重要决策的时候就越容易。

(3)使命。即你想要做的且能给他人生活和工作带来积极改变的事情。请记住,我们的谋生手段

第十七章 战略规划

都是通过某种方式服务他人。你的使命是什么？

（4）目的。这是你早上起床的原因。正是出于这个目的，你才开始做目前正在做的事情。你生活中的"目的"是什么？

（5）目标。目标是你希望在未来某个时候达成的结果，它以愿景、价值观、使命和目的为基础，是具体的、书面的、可衡量的，并且具有一定的时限。你有哪些目标？

（6）优先事项。即每天要做的最重要的事情。设定优先事项，为实现目标而高效地利用时间，这是取得高绩效的关键。

（7）行动。即为完成优先事项而采取的行动。确定你需要立即采取的具体行动，以完成最重要的任务并实现个人目标。

⭐ 将想法写在纸上

所有成功人士都善于制订计划。他们会将事情详细地写下来。将想法写在纸上是取得成功的重要方法。

思考你的目标以及企业或部门的目标，考虑各种行动计划的结果。高智商的一大标志是能够预测当前行为的间接结果或长期结果。

请你不断思考：

我想做什么？

我要怎么做？

有没有更好的办法？

第十七章
战略规划

在进行战略规划时,始终要注意,你可能会走错方向,可能有更好的方法能用来实现特定的结果或目标。

制定了战略计划后,你必须确定优先事项,专注于高价值的任务,然后将你的专业才能和技能集中于那些具有重要意义的领域。

▶ 实践练习

> 1. 你心中的完美企业或职业生涯是什么样子,与现在有哪些不同之处?
>
> 2. 你现在可以采取哪些行动来实现理想中的未来?这些行动应当是具体的、可衡量的,且具有一定的时限。

第十八章
承担责任

取得优异成绩的人都具备一项品质,即百分之百对工作负责。这至关重要,它意味着没有借口,没有抱怨。

永远不要抱怨、不要找理由解释。如果事情进展得不顺利,你要承担起责任,并采取措施改变或改善现状。承担责任是领导者的标志。它意味着个人生活和事业的转折点,也是一个人从幼稚走向成熟的象征。

第十八章
承担责任

⭐ 主人翁的态度

在一项针对纽约的调查中,各行各业排名前3%的从业者普遍具备一种态度,那就是无论就职于哪个领域或企业,他们都秉持主人翁的态度,仿佛自己就是这里的主人。他们将自己视为企业的所有者,不管是谁在工资单上签字,他们都认为自己才是自己的职业生涯的主宰。

他们说话时会使用"我们"和"我们的",而不是像大多数人那样用"他们"和"他们的"。他们会在工作上投入更多时间,对企业业绩以及企业所经历的任何成败具有更强的责任感。

企业所有者或管理者最希望看到的是真正关心企业并以主人翁的态度对待每项任务的员工。如果

管理者想提拔一位员工，他们面对2位候选人：一人将工作单纯地视为工作，而另一人将自己视为企业的"主人"，那么人事主管通常会提拔愿意将自己视为企业的"主人"的人。

如果你犯了错，那就承认错误，说："我错了。"然后集中精力总结经验教训。

人人都会犯错，重要的是为错误负责，并找到弥补过失的方法。经常想一想："下一步的行动是什么？"

在大多数情况下，你无法对周围人隐瞒自己的过错。如果能勇敢地承认错误，他们会更加钦佩你和尊重你。为错误承担责任可以提升你的信誉、提高周围的人对你的尊重程度。

第十八章
承担责任

⭐ 不责备

事实证明,拥有积极情绪是一个人取得成功的关键。积极情绪的主要障碍是消极情绪。如果你能消除消极情绪,那么剩下的就是能够为生活带来益处的积极情绪。

一项重大发现表明,消极情绪几乎皆因责备而起。产生责备的原因主要是你未能对现状承担责任。每当你因为某事责备某人时,你就会感到消极、郁闷和自卑。

但是,每当你承担起责任时,你就会感觉自己十分强大、胸有成竹且自信满满。承担责任的秘诀很简单,只要说一句"咒语":"我要负责。"出现问题的时候,产生消极的想法或情绪的时候,解决办

法就是马上说:"我要负责。"

当一个人承担责任的时候,就不会再产生消极情绪。由承担责任产生的情绪可以消除由责备产生的另一种情绪,使你成为一个积极向上的人。

▶ 实践练习

1. 想象工作或生活中令你感到愤怒或不快的情况,然后立即说:"我要负责。"以此来抵消这种消极情绪。反复说这句话,直到这些负面情况对你毫无影响。

2. 无论发生什么都不要责备他人,也不要让别人对过去的错误或其他事情感到不快。相反,你可以说:"下一次我们可以这样做。"然后这些事就翻篇吧。

第十九章
团队合作

在任何组织中，拥有良好的团队合作能力都是员工获得晋升的一项重要条件。如果你想晋升到高级管理层，就必须具备这项关键能力。管理者需要与他人合作并协调一个由掌握了不同技能和能力的人所组成的团队。

事实上，职场中的任何工作都要由2人或更多人共同完成，他们的职能和责任都有重叠之处。因此毫无疑问，如果你无法与其他人进行团队合作，你的晋升之路也会严重受阻。

⭐ 5个关键要素

在建立高绩效团队的过程，有5个关键要素。

（1）共同的目标。高绩效团队的成员会花时间讨论团队的目标，并达成一致意见。他们会为每个目标的完成情况与每个成员的表现设置衡量指标。

（2）共同的价值观。团队成员要讨论合作方式与共同的价值观，并达成一致意见。这些价值观包括守时、勇于承担责任、按时完成任务等。

（3）共同的行动计划。团队成员讨论并明确每个人为实现总体目标所要完成的任务，何时完成该任务以及如何衡量任务完成情况。

（4）领导者。一个团队通常需要一个领导者，他是团队的最终负责人。他要领导团队行动，确保

第十九章
团队合作

其他成员拥有所需资源,以保质保量地完成工作。

(5)持续检查和评价。团队定期开会,讨论工作进度、客户对产品或服务的满意度,以及成员间的合作情况。

通过把握这5个关键要素,你可以快速建立一个高绩效团队。这些关键要素能够帮助团队取得更高的商业成就。

⭐ 寻找做贡献的机会

不要在意自己得到了多少,重要的是你能付出多少。关注贡献与合作,做一个有用的人,努力为团队做贡献,为他人提供帮助。

赞扬他人的成功。如果能毫不吝啬地赞美他人,

你也能得到他人的赞扬。领导者总是对问题负责，对团队成员的成功和成就给予表扬。

初入职场时，成为一名有价值的团队成员是通往成功的第一级阶梯。随着你贡献的价值越来越高，你成为团队领导者的速度也越来越快，越来越多的人可以帮助你实现更大的目标。作为一名优秀称职的团队领导者，你对结果所承担的责任日益加重，而你的升职速度也随之加快。

实践练习

1. 明确团队目标，为每个人设置清晰的衡量指标，以评价他们的目标完成情况。

2. 讨论并确定团队的价值观。明确团队的合作方式与解决问题的方法。

第二十章
开发创造力

成功最大的敌人之一是舒适区。令人惊讶的是，很多人习惯于以某种方式做事，拒绝任何改变，无论这些改变能够带来多么大的助益。

马基雅维利（Machiavelli）曾经写道："没有比引进新的制度更棘手的事，因为它们实施起来困难重重，成败在未定之天，推广起来则更是处处风险。倡导新制度无异于跟所有的既得利益者为敌，只有那些可能因新制度而获益的人会跟他站在同一个阵线，可是那些人不会太积极。"

个人成功法则
PERSONAL SUCCESS

⭐ 创新至关重要

一直在做重复的事只能收获重复的东西。成功源于走出舒适区、尝试新事物或不同的东西、敢于冒险,同时也接受一个事实:大多数尝试都将以失败告终,特别是首次尝试。

但好消息是,你有多少想法,这直接关系到成功的质量。今天,企业的繁荣发展离不开源源不断的新思想、新产品、新服务、新流程和新方法。

⭐ 更好、更快、更便宜

不断寻找更好、更快或更便宜的方法来实现目标。每一个企业都以赢利为目的。赢利的好途径是

第二十章
开发创造力

增加收入,或者降低成本,最好能同时满足这2个条件。

你提出的每一个增加收入或降低成本的想法都会吸引他人的注意力,大家会帮助你更加快速地推动想法的落实。

当你有了一个好点子时,你需要做几件事。首先是进行调查,了解事实。在做出决定之前,你一定要进行充分的考察。确定这是一个好点子之后,将它写在纸上,做成提案,并提交给老板或者有权批准这个点子实施的人。

⭐ 提出想法

大多数人对新想法都会说不。这种态度既不是

积极的，也不是消极的。人们就是这样，即使他们意识到自己需要一些更好的新想法。

关键在于，你要先提出自己的想法，然后征求其他人的意见。你可以说："我有一个降低成本（或增加收入）的想法，我已经进行了调查，认为这个想法有一定的可行性。你觉得怎么样？"不要试图推销自己的想法或急于获得认可，至少就目前的情况而言，你只需要征求别人的意见。问一问别人："你觉得怎么样？"这个问题充满了魔力。

⭐ 耐心

当你提出了一个新想法时，不要要求对方立即做出决定。相反，你可以鼓励对方了解这个想法，

第二十章
开发创造力

并花时间进行思考。

很多年前,我的一位良师益友,一家拥有上万名员工的大企业的总裁送给我一份礼物。那是一本泛黄的小册子,看起来有些年头了,书名是《花时间去领悟》(*Take Time Out for Mental Digestion*)。

他告诉我,这本小册子影响了他的整个职业生涯,对他具有很强的指导意义,帮助他成功接管并经营大型企业。这本小册子提出了一个简单的前提,即人类的思维天生就会拒绝新想法。因此,当你提出新想法时,一定要给对方至少 72 小时的时间去思考,让对方消化你的想法。让他们在自己的头脑中反复思考这个想法,并做出自己的评估。

⭐ 提议试点项目

提出新想法时可以采用另一种方式,即提议试点项目,特别是在面对大量质疑或抵制的情况下。进行小规模的尝试,自己多花一点时间去验证新想法的价值,从而降低最终的时间和财务成本、减少风险。

在大多数情况下,小范围的试点更容易得到批准。试验的好结果能够为更大范围地实施你的想法打下基础。

⭐ 不断试验

在广告业,人们认为成功的关键是试验。推行

第二十章
开发创造力

新想法时也是如此。大多数新想法在一开始都鲜有成效。但是随着一次又一次的试验、收获反馈、总结经验教训,然后再次试验,最后你往往能提出突破性的想法,给企业带来真正的帮助,推动事业的发展。

⭐ 坚持不懈

无论老板的反应如何,你都要坚持不懈地提出新想法。即使你遭到拒绝,也要记住,你能提出多少好想法直接关系到你的事业发展速度。创意就像助你成功的超级燃料。你的想法越多,进步速度就越快,即使这些想法最初并不成功。

个人成功法则
PERSONAL SUCCESS

> **实践练习**

1.找出阻碍企业提高销售额与盈利能力的关键问题,然后列出 10～20 种可以解决这个问题并提升销售额与盈利能力的方法。

2.当你有了一个不错的想法时,先不要告诉别人,独自做准备。收集信息,通过调查与试验为你的想法积累充分的支撑。

第二十一章
提高成功的可能性

很多年前,我参加了EMBA(高级管理人员工商管理硕士)课程。在学校时,我学得最差的一门科目就是数学,而概率论建立在数学的基础上,是评估数据、确定概率的一种复杂方法,所以学习概率论让我很头疼。由于我的概率论成绩太差,我连续学了2个学期才通过考试。但事实证明,概率论是我参加过的最有价值的课程之一,它彻底改变了我的生活。

我从概率论中学到,任何事情都有发生的可能

性。利用人们在过去总结出的众多公式，就可以计算出事情发生的概率。我还学到，整个世界都以概率论为基础。所有的股票和股市报告、保险和精算表、数学、物理学等科学，以及许多获得诺贝尔奖的经济学上的新发现都以概率论为基础。

⭐ 提高实现目标的可能性

重点就在于此。你有可能在事业上取得巨大成功。在职业生涯中，你有可能成为百万富翁或者比百万富翁更加优秀的人。每个人都期望自己在正确的时间里获得巨大的成功，而你最重要的任务就是提高这一期望变为现实的可能性。这个可能性的大小主要由你自己掌控。

第二十一章
提高成功的可能性

如果你想充分发挥潜力成为你想成为的人,可以利用下列7种方法来提高实现该目标的可能性。

(1)下定决心成为行业顶尖人才。大多数人从未这样做过。他们渴望更大的成功,崇拜比自己更加成功的人,希望获得更多收入、承担更大的责任。但他们从来没有下定决心登上行业顶峰。你应该拒绝接受任何不够优秀的东西。请记住,如果你下定决心,并持之以恒地付诸行动,你将无往不利。

(2)为职业生涯设定清晰、具体的目标,并将目标写下来。创建一个目标清单。并每天为实现目标而努力。

(3)关注贡献。集中精力为企业创造价值和收入。忘掉那些钩心斗角的权谋。用业绩证明自己。

(4)为你的一切承担百分之百的责任。主动向

前迈出一步，要求承担更多的责任，然后保质保量地完成自己承担的所有任务。

（5）寻找发光时刻。当你有机会做贡献并承担更多工作时，抓住这样的机会来展示自身能力。向别人证明为什么你应该升职、获得更高的薪水。

（6）确定成功的"限制技能"。事实证明，你最薄弱的一项重要技能决定了你的高度或上限。你所精通的技能使你取得了已有的地位。但是，你最薄弱的关键技能会成为你的业绩提升的阻力。它是阻碍你前进的最重要的因素之一。所以，现在就下定决心，不管对你造成限制的这项技能是什么，在未来几个月内，你都要将它攻克。

（7）永不放弃。日日夜夜地坚持下去，直到你有能力成为一个成功者。

第二十一章
提高成功的可能性

通常情况下，反复的尝试能够帮助你做出改进，从而提高成功的概率。你做的事情越多，投入到工作上的时间和精力越多，就越有可能在正确的时间做正确的事，进而开启正确的大门，加速事业的发展。

▶ 实践练习

1. 坐下来，拿出一张纸，写下明确的职业目标。确定你希望在1个月、6个月、1年、2年和5年内实现的确切目标。不要听天由命。

2. 找出一项可能阻碍你发挥潜力的技能。你可以询问老板和同事，明确这项技能是什么，然后下定决心将其攻克。请记住，所有技能都是可以通过学习掌握的。你可以学习任何为实现目标而需要掌握的技能。

第二十二章
总　结

成功并非偶然，而是可预测的。如果你遵循其他成功者的做法，根据因果定律，你也很有可能会像他们一样成功。反之，你将难以取得成功。

成功有3大要诀，我们可以通过反复练习来掌握。

✪ 自律

第一条要诀是自律，我们所谈论的一切方法都

第二十二章 总　结

以此为基础。

你已经了解了这些成功的法则，同时你可能也发现了一个或多个阻碍你进步的弱点。人生最大的悲剧之一是没有人会告诉你或指出你的个人弱点，你只能花费数年，靠自己找到这些弱点。

也许你工作进度较慢，却自认为这是做事细致周密的表现，但在其他人看来，你欠缺紧迫感，因此他们取消了你的晋升和奖励机会。但是，在不降低工作质量的情况下，稍微加快工作速度，你会发现自己获得的回报也随之增加。而要想做到这样，自律必不可少。

⭐ 实践行之有效的成功方法

第二条要诀是实践行之有效的成功方法。将本书讨论的方法付诸行动。如果你认为自己在目标设定、时间管理、应用创造性思维、决策、沟通或公开演讲方面有所欠缺，请及时请教专家。向大师学习、参加课程、阅读相关书籍。你可以学习任何成功必需的知识与技能。

⭐ 问

第三条要诀是问。用正确的方式向足够多的人请教，他们会告诉你需要学习什么、通过哪种途径学习，以及如何利用学到的东西取得成功。

第二十二章
总　结

从你的老板开始。询问老板是否发现你有什么可以弥补的弱点。广泛搜集能够为你提供帮助的课程和书籍，建立自己的"成功图书馆"。购买或下载音频学习节目，坚持每天收听。请记住，时钟正在嘀嗒作响，比赛已经开始了，人生没有预演。

最后，培养坚定不移的决心和毅力，坚持到底。如果能做到这一点，你将不可阻挡。

⭐ 祝你成功

归根结底，如果你愿意努力提升自己，日复一日地按照计划为实现目标与个人成就而努力，那么根据累积定律，你的努力势必会逐渐积累，最终成就你的非凡人生。

没有人能在一夜之间取得成功。成功是成百上千个无人在意的微小努力和成就累积而成的。从现在开始,下定决心,反复实践本书中的这些方法,直到它们变成习惯,变得轻而易举,成为一种自动的生活方式。到那时,你将不可阻挡。